KB043296

자폐 아들과 아빠의

작은 승리

이봉 루아 글·그림 | 김현아 옮김

한울림스페셜

Original title : Les petites victoires
Text and illustrations by Yvon Roy

서문

오래 망설였다…

나와 내 아들 올리비에의 이야기를 책으로 내면 어떻겠냐고 내게 넌지시 권유한 사람은 아들을 가르쳤던 특수교사였다. 올리비에처럼 자폐가 있는 아이를 키우는 다른 부모들에게 유용한 정보를 줄 수 있고, 하다못해 작은 희망이라도 줄 수 있지 않겠냐며 끈질기게 나를 설득했다. 심지어 나와 내 아들을 지켜봐온 주변 사람들까지 합세해 나를 가만 놔두지 않았다.

그러나 정작 나는 결심하기가 쉽지 않았다. 과거로 돌아가 기억을 헤집으면 자칫 괴롭고 힘들어질까봐 두려웠다. 나는 오래 망설였다. 그리고 생각했다. 내가 무슨 말을 하고 싶은지.

내가 이 책을 통해 말하고 싶은 건 자폐에 대한 이야기가 아니다. 그런 일은 전문가가 더 잘할 수 있다. 물론 자폐가 나와 내 아들의 삶에서 중요한 위치를 차지하고 있는 건 사실이다. 하지만 나는 장애아 부모뿐만 아니라 아이를 키우는 세상 모든 부모에게 이야기하고 싶다.

부모라면 누구나 자식을 키우면서 수많은 도전에 직면하기 마련이라고. 그중 가장 큰 도전은 아이가 부모인 우리에게 어떤 시련을 안겨주더라도 아이를 사랑으로 대하고 아이와 함께 이겨내야 하는 거라고.

이봉 루아

드디어 갔어!
226
BAGEL

당신 동생이
눈치도 없이
자고 간다면
어쩌나 했어.

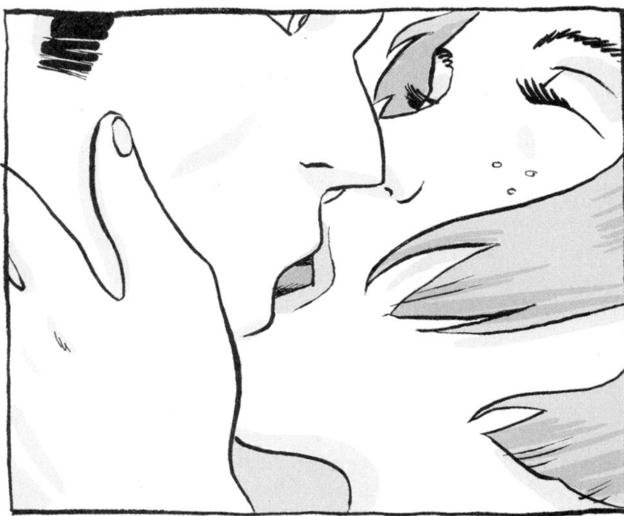

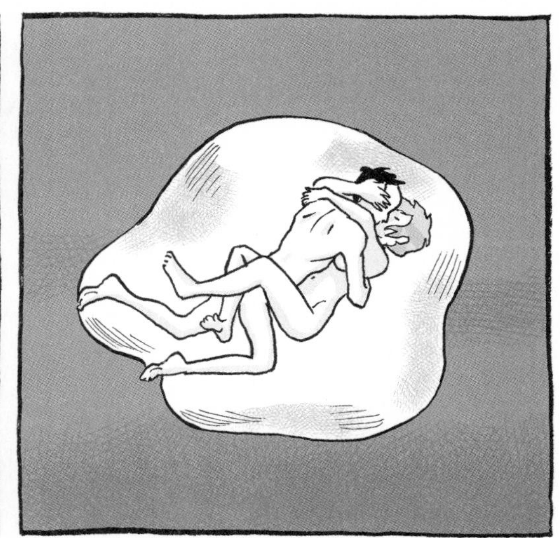

찰칵!
찰칵!
찰칵!
찰칵!
찰칵!
찰칵!
찰칵!
찰칵!
찰칵!
찰칵!
찰칵!

똑!
똑!
똑!
똑!

어머,
아기야!
우와!
드디어!!!
얘 좀 봐! 세상에
어쩜 이렇게 귀엽니.

아이 낳느라
힘들었지?
고생했어!
정말 장하다.
네가 최고야.
이제는 너도
엄마가 됐구나.
여자로 태어나
정말 다행이지?
아이를 낳을 수
있으니까 말야.
하하하!

산후조리 잘해야
할 텐데 걱정이다.
남편이 옆에서 잘
보살펴주겠지?
그래야 할 텐데.
처음에는 남편이
분만실에도 안
들어가려고 했대.
정말?

내 친구들 때문에 기분 나빴지.
당신이 나한테 얼마나 잘하는지
걔네가 몰라서 그래. 이해해줘.

아들아, 이제
집으로 가자!
출발~!

친구, 나보다 늦었지만
아빠가 된 걸 축하해!
참, 네 딸 엘리안이
내 아들보다 한 살 많지?
우리 사돈
맺을까?

이봐, 애들은 자기들이 알아서
잘 클 거야. 아빠 노릇 잘하고
싶으면 네 일이나 열심히 하셔!
그래야지.

네 아들
이름은
지었어?
당연하지.
올리비에야.
근사하지?
쪽!
쪽!

아들이 커서 뭘 하길
바라? 너처럼 만화가?
글쎄… 이제
생각해봐야지.

식사 준비
다 됐어요!

아이들을
위하여!
모두를 위하여!
위하여!
물!
위하여!
위하여!
쪽! 쪽! 쪽!

하하하
허허
호호호
후후

아까 우리 아들 엉덩이 봤어요? 아빠 닮았어요. 하하하.
난 아들이 뭐든 아빠 닮았으면 좋겠어서.
클로에, 우리끼리만 할 얘기도 있는 거야.

진정해, 친구. 담배 한 대 줄 테니 이거나 피워.
그럴까?

딸깍!

인생은 아름다워.
아니, 인생은 멋지지.

넌 누구니?

전생에 우리가
아는 사이였니?

18개월 후
아~아~.

부르르릉

꺄르륵!
으쌰!
너무 높아!

후우…

부릉 부르르릉~!

옳지, 한 발 한 발….

드르릉~ 드르릉~~

있잖아, 당신 지금 많이 바쁜 거 아는데,
나 너무 힘들어서 도저히 못 버티겠어.
당신이 지금 와서
올리비에 좀 봐줘.
<토끼 리피피>를 좋아하니까
그 애니메이션을 보여주면 돼.
꼼짝 않고 하루 종일 볼 거야.
알았어, 클로에.
금방 갈게.

우룰룰루! 우룰룰루!

랄라아아!

양말 장군이
나타났다~!

당신이 걱정할까 봐 그동안
혼자서 고민해왔는데, 더는
안 되겠어. 올리비에가 말을
한 마디도 하지 않아. 어떡해?
나도 느꼈어.

발달 클리닉

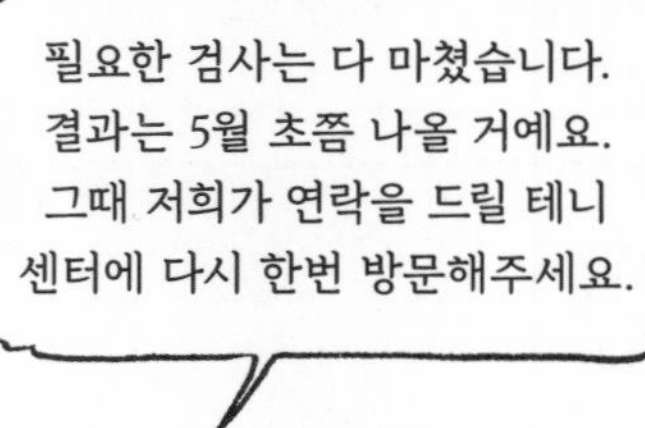
필요한 검사는 다 마쳤습니다. 결과는 5월 초쯤 나올 거예요. 그때 저희가 연락을 드릴 테니 센터에 다시 한번 방문해주세요.

삑~

센터에서 연락이 와서
다녀오는 길인데…

올리비에가
자폐래.

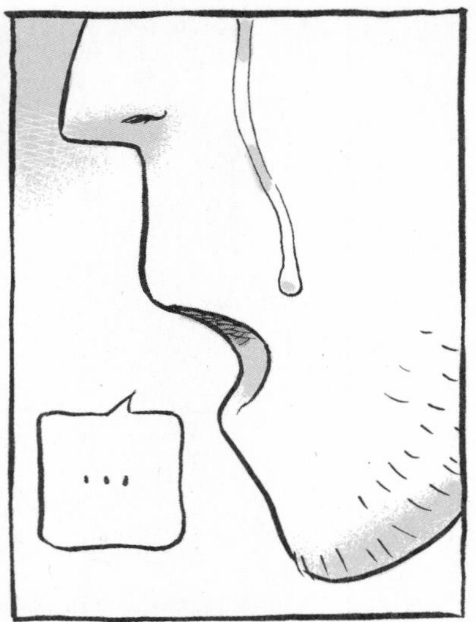

검사 결과를 최종 검토해보았는데, 모든 영역에서 자폐로 진단됩니다.

하지만 너무 비관적으로 생각하지는 마세요.
지금부터라도 필요한 조치를 취해야지요. 저희가 도울 수 있는 일은 돕겠습니다.

우선 언어치료를 받을 수 있도록 장애담당 기관에 연락해뒀습니다. 지금 신청해놔도 최소 1년 정도는 기다려야 해서요. 작업치료도 해야 하고

심리운동 치료기관과도 빨리 상담하세요. 저희도 아드님이 잠재능력을 발휘할 수 있도록 최선을 다할 겁니다.

정신과 신체를 개발하고, 인지능력을 발달시키려면…

아악! 이래서 공무원은 싫어! 권위적인 태도로 알맹이 없는 말만 늘어놓는단 말이야.
앞으론 당신 혼자 가면 어때? 쓸만한 정보가 있으면 알려주고.

여보,
나 왔어!
어디 있어?

센터에서 자폐에 관한
자료를 좀 받아왔는데
같이 봐야 할 것 같아.
알았어.

당신의 아이
해결방법

자폐아를 치료하는 과정에서
돌발적으로 나타날 수 있는
감각통합의 문제를 포괄적인
방식으로 고려해야 하며….

아들아, 내가 너에게
무얼 해주면 좋겠니.
앞으로 널 어떻게
키워야 하는 거니?

전문가들은 너에 대한 자료를 주면서
우리더러 열심히 읽으라고 말하는데
난 그 자료들이 영 맘에 들지 않아.
마치 이케아 조립가구 설명서 같거든.
자폐라는 장애가 널
정말 조립해야 하는
가구처럼 만든 거니?

하긴 넌 내가 말을 걸어도
아무런 반응도 하지 않지.
내가 널 안으면 밀어내고.
난 네가 갑자기 화를 내도
왜 그러는지 알지 못해.
내가 "올리비에"
하고 부르면 그게
너인 줄은 아니?

너의 관심을 끄는 건 <토끼 리피피>
애니메이션 오로지 그거 하나지?
할 줄 아는 말도 리피피뿐이고.

너 여자 친구는
사귈 수 있겠니?
자식은? 생계는?

내 만화책들….
나중에 아들에게
물려주려고 했던
연애 소설들….

몽땅 다 불태워
없애버리고 싶어.
Le Cid
Poésie Anake

이봐, 여자랑 처음 헤어진 사람처럼 왜 이래?
그러게….
다 잘 될 거야, 걱정 마! 이제 바닥을 친 셈이니 다시 치고 올라올 일만 남은 거야. 친구, 힘내!

외로울 땐 이만한 게 없지, 안 그래?

한 모금 깊이 빨아들여 봐.

자, 앉아봐. 내가 한 곡 들려줄테니.

똑!
똑!
똑!

오늘은 당신이 올리비에를
맡는 날이야. 잊어버린 거야?
아차, 까맣게
잊고 있었네!
그… 그럴 리가.
하하. 아주 똑똑히
기억하고 있다고.
아… 안녕, 아들?
당신, 괜찮아?
그럼, 그럼.

사랑스런 아들이 왔으니
난 이만 가봐야겠다.

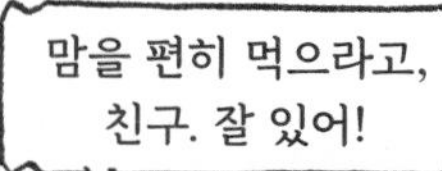
맘을 편히 먹으라고,
친구. 잘 있어!

제에엔장! 어쩌다 잊어버렸지?
무책임한 아빠가 되고 말았군!

대마초를 피우면 아주 사소한 문제가
끔찍한 괴물로 변해버리곤 한다.
철썩!

이럴 때가 아니지.
아이를 챙겨야지.

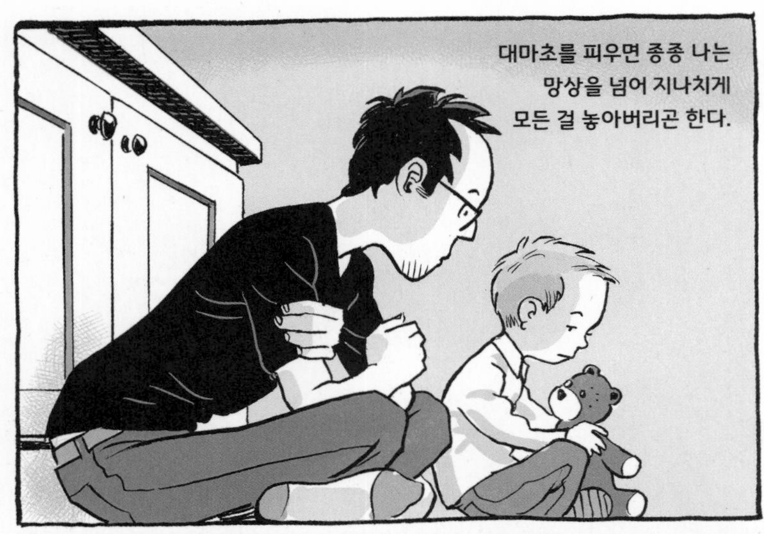

자폐가 아이에게 지운 내면의
고독이 얼마나 크고 깊은지….

아이는 이미 자신이 다르다는 것,
그 차이가 가져다주는 슬픔까지
모두 알고 있다는 생각이 든다.

아이가 있는 성의 벽은 높다.
너무 높다.

그 벽을 무너뜨리고 싶다.

나는 이내 생각을 바꾼다.

너무 늦어서 미안….

이제부터 너는
혼자가 아니야.
절대로….

으아!

왜 그래,
내 강아지?
으아아아!

뭐가 무서운데?
으아

이거야?

으아아앙!
잘 봐. 이건 아주
작은 먼지라고.

아아아아!

발작을
일으켰어.
진정시키는 데
삼십 분이나
걸렸다니까.

나랑 있을 때도 그랬는데,
센터에 물어봤더니 목욕을
시키기 전에 목욕탕에 있는
먼지를 모두 없애라는 거야.

먼지를 모두 없애라고? 말도 안 돼!
아이가 살아갈 세상은 먼지투성인데
어쩌란 말인가? 불가능한 일이다.
목욕이 문제가 아니라
아이가 세상에 적응하지
못하는 게 나한테는
더 심각한 일이다.

아이가 발작을 일으킬까 봐 먼지를 없애면
강박관념이 생길 것이다. 그렇게 되면
아이는 결국 아무것도 할 수 없게 될 것이다.
나는 오히려 반대로 체계적 둔감법을
아이에게 적용해보기로 결정했다.

나는 아들과 함께 모험을
시작할 것이다.
A
27

나는 욕조에 먼지가 있어도 그냥 놔뒀다.
으아아앙!

대신 아이가 먼지를 보면 흥분하기 전에 내가 잽싸게 손으로 잡았다.
휙!

그리고 버리기 전에 더러운 이 물체의 이름을 말해줬다.
먼지

아아악!

아아악!

아아악!

일부러 나는 올리비에 가까이에 먼지를 계속 흘리고 다녔다.
먼지

석 달쯤 지나자 아이는 먼지에 호기심을 보였다.

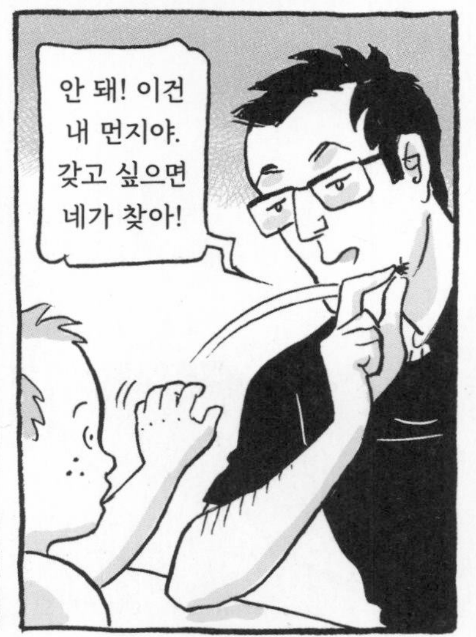
안 돼! 이건 내 먼지야. 갖고 싶으면 네가 찾아!

다음 날

지이!

내 계획대로 아이는
차츰 두려움을 극복했다.
드물기는 하지만 서툴게
이름을 말하기도 했다.
몇 달이 지나자 나도 아이도
자신감이 생겼다.

그 뒤로 내가 욕조에 먼지를 한 움큼 넣어두어도
아이는 전혀 겁먹지 않고 모두 집었다.
지이.

우리는 다른 두려움들도
하나씩 헤쳐나갈 것이다.

자폐아는 상상이나 추상적 개념을 받아들이기 어려워한다.
그래서 나는 아이에게 밤마다 기상천외한
이야기를 들려주었다.
쥘리스는 넓은 밀밭에 들어갔어. 밀이 어찌나 큰지 꼭 숲 같았대. 그때 한 농부가 소리 질렀어. “내 밀밭을 가로질러 가려면 먼저 밀을 베시오.”

쥘리스는 집만큼이나 커다란 낫을 들고 밀을 베기 시작했어. 올리비에, 너 이게 상상이 돼? 집만큼이나 큰 낫이라니….
크릉크릉

크릉크릉

사랑한다, 올리비에. 너… 너는 세상에서…

그러니까 내가 하고 싶은 말은 말야….

하지만 쉽지 않다. 아이에게 특별히 바라는 게 없다고 아무리 부르짖어도 마음 한편에서는 여전히 하루에도 몇 번씩 멋진 사내아이를 꿈꾼다.

그렇게 시간이 흘렀다.

비가 그쳤네.
아들~!!

오늘은 공원에 나가보자.
물이 많이 고였을 테니까
진흙투성이가 될 각오해!

조심해, 사브리나.
옷 더러워지잖니!

이런, 옷 다 버렸네.
괜찮아요. 저희 집엔
세탁기도 있고 자동
건조기도 있거든요.
32

엄마, 쟤는 그네 타는데 나도 그네 타면 안 돼?
그네 아래 물 고인 거 보이지? 오늘은 안 돼!

어머나, 이를 어째!
철퍼덕!

하하하!

하하하!
33

오늘은 우리
목욕을 하지
말아볼까?
하하!
먼지만 봐도 기겁을
하던 아이가 이날은
진흙투성이가 된 채
환하게 웃고 있었다.
내가 터트린 웃음이
아이에게 자신감을
안겨준 것 같았다.

지이!
먼지.
머지이!

나는 새로운 도전을 시작했다.
추상적인 단어를 가르치기로 했다.
카우보이가
위로, 아래로,
위로, 아래로,
…

카우보이가
안에, 옆에
안에, 옆에,
안에, 옆에
…

아들, 이제 대답해봐.
카우보이가 위에 있어,
아래에 있어? 어디 있지?
머지이!

이제 자자!
올리비에가 아주
추상적인 단어를
몇 마디만이라도
할 수 있게 되면
다른 말도 저절로
알게 될 거라고
나는 굳게 믿는다.
34

나는 매일 밤 아이가 잠들기 전에
들려줄 말을 준비했다.

올리비에, 넌 세상에서
가장… 멋… 진 나의
아들이야. 널 누구와도
절대 바꾸지 않을 거야.

나는 이 짧은
몇 마디를 하려고
안간힘을 쓴다.
아직도 내려놓지
못한 뭔가가 있다.

올리비에는 어리둥절한 표정으로 나를 바라본다.
내가 무슨 말을 하는지 전혀 알지 못하는 얼굴이다.

그런 건 중요하지 않다. 이 말을 하는 건 나를 위해서이다.
이 말을 되풀이할수록 점점 입 밖으로 내기가 쉬워진다.

수많은 밤이 지나야 이 말을
입 밖으로 자연스럽게 낼 수
있게 되겠지. 완전히 가슴에
새기기까지 난 또다시 많은
밤을 보내야만 할 것이다.

올리비에가 내 말의 의미를
이해하지 못한다고 해도
나는 내가 말하는 대로
달라지는 아이를 느낀다.

그러다 어느 날 밤,
내가 자연스럽게
이 말을 하게 된다면
나는 존재하지도 않는
허상의 아들과 작별할
수 있을 것이다. 그리고
나와 함께 살아갈 아들을
맞아들이게 될 것이다.
36

슬픔의 단계를 지나자
아이가 받아들여지고
모든 게 가능해졌다.

위에?

그래, 아들아, 위에.

내가 좀 쉬고 싶은 마음이 들 때
내 친구는 나를 데리고 여행을 간다.

센터에서 충고한 대로 했다면 올리비에는 아마 읽고 쓰지도, 말을 하지도 못했을 거야.
그럼 넌 어떻게 그 일을 해냈어?

진단은 전문가가 내리지만 아이는 내가 키우는 거니까.
전문가들은 신중하지만 나는 직감을 믿고 따르지.

그렇게 너의 직감만 믿고 아이를 키워도 괜찮을까?

자폐에 관해서는 아직 밝혀지지 않은 게 많아. 또 우리 아들은 내가 전문가보다 더 잘 안다고.

내가 관심있는 건 내 아들의 자폐야. 다른 건 관심 없어.

모든 해결책은 아이 안에 있고, 난 아이를 제대로 관찰할 줄 알아.
아들이 발작을 일으킨 먼지만 해도 단 석 달만에 적응하게 만들었잖아.

앗, 너 이거 봤어? 여기 편암층이 있어!
정말 예술이군. 경이롭지 않아?

자연은 경이롭지. 뭔가 바라는 걸 이루어내려면 힘겨운 시간을 견뎌야 하거든.
동감이야.

JACK DANIEL'S
OLD TIME
Tennessee
외계인이 정말 있을까?
넌 어떻게 생각해?

글쎄, 요즘은 휴대폰으로
사진을 찍을 수 있으니까
있다면 곧 알게 되겠지.

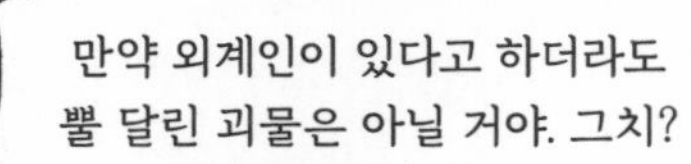
만약 외계인이 있다고 하더라도
뿔 달린 괴물은 아닐 거야. 그치?

그들은 왜 우리와
접촉하지 않을까?

인간이 너무
원시적이라서
일부러 피하는
게 아닐까?

바보 아니야? 그래도
인간과 교류는 해야지.

그런 날이 오겠지.

올리비에는 6세가 되면서 낮 동안 어린이집에
다니기 시작했다. 아이는 사회성을 기르고,
난 일할 시간을 벌어야 했다.

아빠!

내가 데리러 가면 아이는 좋아하는 기색이 역력하다.
그래도 어리광이나 애교는 부리지 않는다.
아빠!
아빠!
우리 아들!

오늘은 어땠어?
으으응….
아, 그래. 오늘은
힘든 하루였구나.
그런 날도 있지.

헤어졌다 만나면 나는 세상에
우리 둘밖에 없는 것처럼 군다.
나는 한쪽 무릎을 바닥에 대고
다른 쪽 무릎에 아이를 앉힌다.
덕분에 바지 한쪽 무릎이
더 빨리 닳는다.

올리비에
아버님~!
D-36
잠시만요.

그동안 올리비에가
별 탈 없이 지냈는데
오늘 갑자기 발작을 했어요.
몇몇 아이들이 어울려 놀다가
큰 소리를 내서 그런 것 같아요
미리 신경 쓰지 못해 죄송해요.

올리비에가 소리에
무척 예민하잖아요.
그런 일이
있었군요.
죄송합니다.

아니에요. 아이는 금방 진정됐어요.
저희 어린이집에는 올리비에 같은
아이들을 위해서 특별한 공간을
마련해두고 있어요. 보시겠어요?

이곳이에요. 여기에서
아이는 음악을 들으며
마음을 가라앉히지요.

놀라울 정도로 효과가 좋아요.
올리비에도 금세 진정됐어요.
이 방법이
혹시 마음에
걸리시나요?

아니요. 저도 이 방법이
괜찮다고 생각합니다.
어떤 상황에도
잘 대처해주셔서
저야 늘 감사할
따름입니다.
뭘요.

저… 궁금한 게 있는데, 혹시 여쭤봐도 될까요? 최근에 아드님이 부쩍 좋아졌어요. 전에 비해 훨씬 덜 불안해 보여요.
아이가 달라진 데는 이유가 있을 것 같아요.

요즘 올리비에랑 아주 열심히 생활 적응 훈련을 하고 있어요.
그게 효과가 있었다니 기분 좋네요.
그랬군요. 대단하세요.

선생님, 저희는 이만 가볼게요. 감사합니다. 안녕히 계세요.
아버님도요. 내일 보자, 귀염둥이!

올리비에, 너 사랑을 듬뿍 받고 있구나!

얼른 옷 갈아입자.

어린이집은 어린아이를 위한 곳인데
어떤 점에서는 어른들을 위한 곳 같다.

어린이집에서 아이는 규칙을 지키고
친구들과 어울려 지내는 법을
배워야 한다.

힘들어하는 아이를
위로하고 싶을 때 난
오늘 어땠냐고 묻는다.
아이는 별 말 하지
않지만 그것만으로
충분히 위로받는다.

아들, 아빠가 지은
상상 노래 부르자!

풀밭에 흰 말이 트림을 하네, 히히힝!
한 번 더! 말이 트림을 하네, 히히힝!

뿔 달린 코뿔소가 외바퀴 손수레를 끄네,
코뿔소가 외바퀴 손수레를 끄네, 끄네!
풀밭에는 파란 양이 트럼펫을 부네!
풀밭에는 파란 양이 트럼펫을 부네!

아이와 함께 고물차를 타고 다니면서 나는 즉석에서
노래를 지어내곤 했다. 기억나는 노래가 별로 없어서
얼렁뚱땅 지은 건데, 솔직히 내가 들어봐도 엉터리다.

풀밭에는 학교에 지각한 오리가 있어,
저기 들판에는 뿔 없는 유니콘이 있어,
유니콘이 있어! 한 번 더, 올리비에!
풀밭에 파닥파닥
예쁜 나비가 있어,
풀잎에 달팽달팽
달팽이가 있어,
다 함께 큰 소리로!
라파파파 폭폭폭폭,
라랄랄라 포로포포포!
전문가의 진단대로라면 내 아들은 별 말이 없고,
농담을 이해하지 못하며, 대화를 나누기 힘들다.
하지만 나는 내 아들의 풀밭 위로 진단이라는
비가 내리도록 절대 놔두지 않을 것이다.

클로에와 이혼한 지 어느새 일 년이 지났다.
너무 멀어. 자동차로 한 시간 거리잖아!
그래도 어쩔 수 없어. 나는 이사를 할 거야. 엄마랑 언니 곁에서 살고 싶단 말이야. 멀어도 꼭 갈 테니까 아이 걱정은 하지 마.

내가 모를 줄 알고! 새로 사귄 남자랑 둘이 같이 살려고 이사 가는 거잖아.
아주 행복하시겠어. 당신 어떻게 그렇게 자기 생각만 해!
마르크!!!

멀어도 꼭 간다고 했잖아! 예전과 달라지는 건 없어. 앞으로도 절반은 내가 아이를 맡아서 돌볼 거니까.

말이 쉽지, 그게 되겠어? 이런 가족이 어딨어, 젠장!

정신 차려, 마르크. 우리는 이혼했어.

그래도 아이가 있잖아. 왜 항상 당신 생각만 해!
계속 이런 식으로 나오면 전화를 끊어버릴 거야.
당신한테 그런 수고를 하게 할 수야 없지!

제기랄!
딸그락!

우리 아이 낳을까?
음… 글쎄? 아이를 꼭 낳고 싶어?

당신과 나를 닮은 아이를 상상해봐. 근사하지 않아?

그럼 약속 하나 해줘.
우리가 이혼을 하게 된다면…

서로를 이해하기 위해 노력하겠다고. 난 내 아이에게 부모가 서로 다투며 상처 입히는 모습 보여주고 싶지 않아.

좋아, 노력한다고
맹세할게. 대장!
나도 그럼
맹세할게.

어머, 대장…?
뭐 하는 거야?
어린 선원을 어떻게
만드는지 알려주려고….
어딜 가?
이리 와봐.

방법은
알아?

만약 우리가 헤어져도
난 당신한테 양육비를
절대 요구하지 않을 거야.
당신은 역시
남자 홀리는
법을 아는군.

올리비에가 자폐인 걸 알았을 때 난 아이의 앞날이 걱정됐다.
하지만 재능을 타고난 아이도 부모가 믿어주지 않으면
불행해질 수 있다는 생각이 들었다.

장애가 있는 아이라도
자신감만 있다면
행복할 수 있다.

그런데 부모가 서로 싸운다면
아이에게 자신감이
생길 리 없다.

클로에는 이사를 결정했고,
나는 그걸 바꿀 수 없다.
멀리 있어도 아이를 함께 키울
방법을 찾는 수밖에 없다.

띠리리리

마르크, 내 말 똑똑히 들어!
다시는 그런 식으로 전화 끊지마,
알았어? 다시는 안 돼!

미안해.
…
다시 전화 하려고 했어.
정말 미안해.

나도 사과할게.
우리 이제 그만 화해하자.
어쨌든 당신이 이사하면 우리 상황이 힘들어 지는 건 맞잖아.

그렇게 멀리 가지 않아.
당신도 인정하게 될걸.
내가 자주 갈 거니까 걱정 말아.

그래도 일이 더 복잡해질 거야.
마르크, 우린 이미 아주 복잡해졌어.
맞는 말이야.

우리 약속은 잊지 않았지?
당연히 기억하지.

아직도 텔레비전 보고 있어!
널 이대로 둬서는 안 되겠다.
안 그러면 너는 텔레비전만
보면서 평생 바보로 살게 될 거야.
리피피…
리피피….

너는 무언가를 하다가
그만두는 게 힘들지.
우리 모험을 해 볼까?
이제 텔레비전 끄자.
딸깍!

으아아아!
아! 아! 아!

올리비에, 아빠가 너랑 놀려고
새로운 놀이 하나를 준비했어.
소리 그만 지르고 같이 놀자.
으아아아아!

딩동!
?

안녕하세요, 오늘 방문한다고
전화 드린 사회복지사입니다.
혹시 바쁘신데 제가 왔나요?
아, 아니요.
어서
오세요.

인사해야지,
올리비에.
안녕하세요?
만나서
반갑습니다.

어머, 귀여워라.
만나서 반갑다.
난 사회복지사
멜라니 아줌마야.
…

아이가 말을 잘하네요.
말을 할 줄 아는 거죠?
음… 아니요.
아주 조금 합니다.
하지만….

아이는 무슨 뜻인지 모른 채
그냥 외워서 말하는 거예요.
아, 네. 반향어군요.
자폐아가 흔히 쓰는
대화기법이지요.

그래서 전 반향어를 활용해 아이가
짧은 문장을 외우도록 가르쳤어요.
사람들을 만날 때 지금처럼 말하면
조금은 상호작용이 일어나니까요.

물론 대화가 자연스럽지 않을 수 있어요.
하지만 혼자만의 세상을 살아가는 아이가
사람들과 어울릴 수 있기를 바랐어요.
이해합니다.
저도 몇 가지
방법을 아는데
알려드릴게요.

아이가 스스로 할 일을 챙기도록
우선 아이의 하루 일과를 정하고,
그날 해야 할 일을 그림으로 그려
카드를 만들어보세요.

그리고 벨크로로 계획표를 만들어
이 카드를 순서대로 붙이는 거예요.
이 방법은 규칙적인 자폐아이들이
생활하는 데 크게 도움이 된답니다.

사회복지사가 한 말을 내가 제대로 이해하고 있는 거라면,
나는 내 아들의 하루 일과를 아침 기상부터 잠들 때까지
시간에 따라 그림 계획표를 만들어야 한다. 그리고
정해진 일과가 바뀌면 이 계획표도 수정해야 한다.

하지만 나는 일 년 전부터 완전히 반대로 하고 있다.
아이의 정해진 일과를 갑자기 바꾸고, 아이가 당황해
어쩔 줄 몰라 해도 도와주지 않는다. 대신 그 상황을
아이 스스로 이겨내도록 곁에서 지켜보며 격려한다.

그럼 이 계획표만 있으면 아이가 자기
할 일을 스스로 할 수 있다는 건가요?
하하! 그럴 리가요.
부모님이 어쩌다가
혹시 챙기지 못해도
아이 스스로 하도록
도움을 주는 정도죠.

그렇군요. 아주 잘 만드셨네요.
그런데 이걸 직접 만드셨어요?
네, 저는 딸과
함께 주말마다
주간 계획표를
직접 만들어요.

사회복지사님 아이도 자폐가 있군요? 그럼 한번 써볼게요.
제가 쓰고 있는 또 다른 방법도 알려드릴게요. 아마도 도움이 되실 거예요.

하던 일을 그만두기 힘든 아이들을 위해
타이머를 사용하는 방법도 알려주었다.
자폐아가 세상에 적응하려면
이런 방법이 꼭 필요한 걸까?

나는 언쟁하고 싶지 않아서 아무렇지도 않은 척,
사회복지사가 권한 타이머를 사겠다고 말했다.

다음에는 올리비에가 없는 데서 이야기를 나눠야겠다.
이런 얘길 듣는 건 아이에게도 별로 좋지 않을 테니까.

저는 이만 가볼게요. 너무 오래 있었네요.
다음에 뵙지요.

그림카드로 만든 계획표,
타이머… 이런 방법들을
꼭 사용해만 하는 걸까?
나는 마음이 불편하다.
마치 인형을 조종하듯
아이를 대하는 게 싫다.

자폐아는 다른 사람과 눈맞춤을 하는 게 어렵다.
나는 인간관계에서 눈맞춤이 가장 중요하고,
모든 게 눈맞춤에서 시작된다고 굳게 믿고 있다.

규칙은 간단하다. 어느 순간 아이가 내 눈을 보면
가까이 다가간다. 하지만 아이가 시선을 피하면
즉시 뒤로 물러난다. 아이는 금세 규칙을 이해한다.

아이는 어느 순간 1초나 2초 정도
나와 눈을 맞추기도 한다.
눈, 눈, 눈, 눈, 눈….

나는 인내심을 갖고 눈맞춤이
성공할 때까지 계속 시도한다.
그리고 마침내….
이마를 콩
부딪치자!

하하하!

눈, 눈, 눈, 눈, 눈….

코와 코를
문지르자.

이 놀이는 아이에게 어디가 이마고 어디가 코인지 알려준다.
또 이 나이대 아이들에게 적당한 긴장감을 주어 집중력을
높이는 데 도움을 줄 수 있다.

자기들끼리 잘 노네….
그러게.

오빠, 뭐 읽어?

불교에 관한 책이야. 잠재의식에 대해 이야기하고 있지. 아들의 분노발작을 이해하는 데 도움이 될까 해서 읽고 있어.
그 정도로 심각해?

언제 터질지 모르는 시한폭탄이랄까? 왜 그러는지 모르니까 늘 불안한 거지.
많이 힘들겠네….

아들은
…
그 얘긴 그만!
여긴 휴양지야.
오빠, 여자 친구
사귀고 있어?

알다시피 여자들은 장애아를
키우는 아빠한테는 관심 없어.
애 핑계 대지 말고 노력해봐!

넌 그런 말 할 수 있겠지.
하지만 괜찮은 남자에서
난 완전히 제외됐다고.
이 일을 어쩌나?
오빠의 부처는
아무 말 안 해?

부처는 최악의 상황도 우리의 기억 속에서
결국에는 사라져버리는 거라고 말하지.
그 말에
동의해?

첫사랑과 헤어졌을 때를
생각해봐. 아픔이 영원할
것 같았지만 지금은 어때?
그 말이 맞네!
나이가 들면서
감정조절능력이
생기는 것 같아.
그땐 마음이 아파
죽을 것 같았는데.
장애의식에
관하여

그래서 타인의 고통을 편견 없이
받아들이라고 말하는 건가 봐.
아픔은 누구에게나 힘든 거니까.

네가 이제야 좀
말귀를 알아듣는군.
잘난 척은….

오빠, 이제 그만하자.
머리가 터질 것 같아.
내가 뭘?

우리 기분 전환도 할 겸
저 아가씨들처럼 놀아볼까?

나 잡아봐라!
뒤에 오는 사람
도둑놈! 하하.
종알
종알
…

참 좋다.
여기로 휴가 오길 잘했네.
종알 종알
…

그런데 오빠는 앞으로 어쩔 거야? 아이가 커도 자립을 못할 텐데 계속 이렇게 지낼거야?

응, 난 항상 아이 곁에 있을 거야. 나도, 올리비에도 그게 마음이 편해.
종알 종알 종알

네 딸은 말을 잘하네.
응, 온종일 종알거려.

올리비에도 말을 조금만 더 잘하면….

네 딸은 안 자니?
올리비에는 완전
곯아떨어졌는데.

밤마다 이래. 안 자고 계속 떠들어서
재우려면 시간이 좀 많이 걸려.
종알
종알
종알

애는 그냥 두고
나랑 차나 한잔
마시는 게 어때?
나도
그러고
싶은데
…

얘가 가만 있지 않을 거야.
내가 아이를 얼른 재우고….
넌 차 끓여.
내가 재울게.

나야 그럼 고맙지.
고생 좀 할 거야.

홍차 포트가
어디 있나?

오빠, 이제
차 마시…?
쌕쌕

금세 잠들었네.
어떻게 한 거야?
쌕쌕
음… 나한테는 고집 부려봐야 소용없다는 걸 네 딸이 금방 알아챈 거지. 별일 아니야.
이제 됐지? 차 마시자.

나는 왜 오빠처럼 못할까?

긴장해서 그래. 아이들은 그걸 귀신처럼 알아. 네가 평온해야 아이도 마음을 진정할 수 있어.

할 말이 없네.

그런데 차 맛이 왜 이래! 네가 차 끓이는 실력이 엉망이라는 걸 내가 깜박했네.
하하하!

차 맛은 별로지만 마음은
편안하네. 고마워, 오빠.

장애아든 비장애아든
아이가 자기 멋대로
굴게 놔두면 안 돼!

어린아이가 대장 노릇을 하려면 어떻겠어?
계속 긴장할 수밖에 없지 않을까?

그리고
하나 더,
네 딸은 차 끓이는
법을 너보다 나한테
배우는 게 낫지 않을까?

바보 같은 소리 그만하고,
우리 옛날 영화나 보자.

이럴 때 보면 좋은 영화가 있지.
뭔데?

염소
공모자들
이 둘 중에
뭘 볼지는
네가 골라.
그럼 오른쪽 거 보자!

오빠는 참 용감해.
자폐가 있는 아이를
잘 키우고 있잖아.
올리비에는 정말
운이 좋은 아이야.

이건 나를 위한 일이기도 해. 난 평생 내가 아들을
돌볼 거라고 생각지 않아. 올리비에는 자기 날개로
날 수 있어야 해. 분명 날 수 있을 거야. 난 믿어.
아, 그래….

이제 슬슬
영화 볼까?

띠딕!

호호호!
하하!

Rockfest

올리비에는 곧 에텡셀 부속 유치원에 가게 될 거야. 자폐 아이들을 위한 학교지.
거긴 좋아?

응, 교사들 열의가 대단하거든. 아이가 좋아질 수만 있다면 나는 필요한 도움을 다 받고 싶어. 잠시도 허투루 보낼 수 없지.
자, 8번 공 들어간다~!

난 아이가 학교에서 장애를 안고 살아가는 법이 아니라 뛰어넘는 법을 배우길 바라.

그 얘긴 그만하고 여자 얘기나 해 봐.
맥주 더 마실 거지?

여자 이름은
오렐리아.
예뻐?
사팔뜨기인
소피 마르소?

완벽한
사람은 없지.
소피 마르소
라고 해도!

사실 오렐리는
내 그림 모델이야.
그리는 데
도움이 돼?

그게 이상해. 그 여자 느낌이
내 그림하고는 너무 많이 달라.
그게 문제야?

직업이 발레리나인데 엄청 지루해.
상상이 가? 도저히
난 그 여자를
못 그리겠어,
더 이상….

어쩌겠나, 친구. 누구나 살면서
모든 걸 다 가질 수는 없는 거야.
맞아!

네 아들을 돌보는
전문가들 중에는
예쁜 여자 없어?
한번 잘 보라구.
있으면 뭐 해?
내 아들한테만
관심이 있는데.
복 많은 녀석.

클로에도 싫어해.
여자랑만 지내면
애한테 안 좋다고.
왜? 여자 경험이 많으면
나중에 더 좋을 수도 있지.

클로에가 들으면
큰일 날 소리군.

자네 경제적인 문제는 어때?
클로에는 돈을 많이 벌던데,
자넨 일을 거의 쉬고 있잖아.

클로에와 나는 경제적인 책임도
각자 능력에 맞게 분담하고 있어.
이혼한 사인데,
그래도 돈을
주고받는 건
그렇지 않아?

시간 많은 내가
아이를 돌보고,
넉넉한 클로에가
수업료 내는 게
뭐가 어때서?
중요한 건 둘이
아이를 끝까지
책임지는 거지.

하지만 고민은 돼. 아이가 엄마랑 있으면 뭐든 가질 수 있지만 나랑 있으면….
근근이 살아가지.

나는 재활용품으로 무기도 만들어준다고. 이만하면 나도 나름 괜찮은 아빠 아니야?
왜? 지구를 폭파시키게?

중국음식점에서 파는 꽃빵을 다섯 개나 먹게 해줄 생각이야.
다섯 개? 우웩~!

맛이 아주 고약할 텐데 그걸 다섯 개나요?
어머, 아들을 사랑하는 거 맞아요?
하하하!

맥주 더 드려요?
두 병 주세요.

곧 올리비에에는 새 학년을 맞이한다.
에텡셀
저희가 올리비에를 잘 가르치겠습니다. 운동기능을 높이고 말하기에 초점을 맞춰 교육할 거예요. 집에서 연습하도록 숙제도 내줄 겁니다.

그러면 아이가 좋아질까요?

아이가 아주 쾌활하고 행복해 보여요. 그러면 뭐든 해낼 수 있어요.

클로에, 난 선생님이 정말 좋아.

아이 아빠가 좀 심술궂어요. 이해해주세요. 그래도 아이한테는 꽤 괜찮은 아빠예요. 걱정 마세요.

아드님이 눈맞춤을 제대로 하는군요.
올리비에, 눈이 정말 예쁘구나.

아, 그건 아이 아빠가
오랜 시간 노력해서
이루어낸 성과예요.
어머, 어떻게 하셨어요?
저희에게도 그 방법을
알려주시면 좋겠어요.

물론이죠. 기회가
있을 거예요. 저는
다른 교육 방법도
수정해서 사용했죠.

아버님이 쓰신 방법을 다 알고 싶네요.
며칠 내로 제가 댁으로 찾아뵐게요.
언제든
오십시오.

우린 서로 마음이
잘 맞을 것 같구나.
월요일에 보자.

올리비에, 너도
벌써 선생님을
좋아하는구나.
허허허.

젊은 여선생들한테
수작 좀 걸지 마.
애 교육에 안 좋단 말이야.
선생이랑
친해지면
좋지 뭐.

아이를 위해서만
그런 게 아니잖아!
진정해!
질투는 사양해.
당신은 돈 많은
그 남자한테 가.

흥!

질투하는 거 아냐.
정신 좀 차려!

아들, 잘 지내.
사흘 뒤에 보자.
안녕,
엄마!

아들아, 아빠가 새 학년
축하 선물을 준비했어.
차를 타고 멀리 가보자.

밭에서는 발 없는 감자가 춤을 춘다네!
올리비에, 한 번 더! 밭에서는 발 없는
감자가 춤을 춘다네, 춤을 춘다네!

나는 올리비에와 단 둘이 있을 때는 아이 손을 간질인다.
아이가 혼자만의 세계에 빠져들지 않게 하기 위해서다.
자, 이제 무슨
노래 부를까?

따가닥,
따가닥!

아이를 웃기려고 나는 바흐의 미뉴에트를
방귀 소리로 바꾸어 불러주곤 한다.
뽕, 뽀로뽀로뽕, 뽕!
뿌우욱, 뽀로뽀로뽕, 뽕!
뽕, 뽀로뽀로뿌우욱!

뽕, 뽕, 뽀로뽀로뽕, 뽕!
뿌우욱, 뽀로뽀로뽕, 뽕!
뽕, 뽀로뽀로뿌우욱!

아이는 나의 음악을 높게
평가하지 않는 표정이다.

참다못해 날 꼬집기도 한다.

뿌우우욱!

하하하!

나는 더욱 열심히 노래를 부른다.
뽕, 뽕, 뽀로뽀로뽕, 뽕!
뿌우욱, 뽀로뽀로뽕, 뽕!
뽕, 뽀로뽀로뿌우욱!

뿌우우욱!

이 놀이를 난 아들이 클 때까지 계속할 것이다.
하하하!

뿡, 뿡, 뽀로뽀로뿡, 뿡!
뿌우욱, 뽀로뽀로뿡, 뿡!

?
뿌우우욱!
하하!
?
?

이 순간, 나는 이상하게 쳐다보는
다른 사람들의 따가운 시선을 느낀다.

우리는 늘 이런 시선에
맞서야만 한다.

뿌우우욱!
하하하!
Gailonla
Cola

♪

아빠, 우리
언제 도착해?
응, 거의
다 왔어!

아들, 우리 옷 갈아
입고 배 타러 가자!

호수를 한 번도 본 적 없지?
곧 보게 될 테니 기대하라고.

물!!!
물에 오면 올리비에가 화를
낼 줄 알았는데 전혀 아니네.
이 문제도
해결됐군!

캠핑 오니까
좋지, 아들?
좋아!

아빠가 너를 위해 내일도
깜짝 이벤트를 준비해뒀어.
정말?

잘 자,
아들~.
잘 자,
아빠.

낙원이
따로 없네.

다음에 또
와야겠어.

드르렁~

으아아아아!

왜 그래, 무슨
소리를 들었어?
황소개구리 소리?
으아

이런, 사람들 다 깨겠네.
이렇게 소리 지르면 내가
아이를 때리는 줄 알 텐데….

진정해라, 진정…,
내 강아지.
아무것도 아니야.
정말이라니까.

먼저 아이의 고통을
받아들여야 해….
아들아, 힘들지?
아빠는 이해해.
아, 나쁜 소리,
진짜 나쁜 소리!

나는 아이에게 이 일이 계속되지 않는다는 걸,
모든 건 지나간다는 사실을 알게 해주어야 한다.

그러려면 아이 무의식에 호소하는
수밖에 없다. 간단한 문장을
되풀이해서 말해야 한다.

지나갈 거야…,
지나갈 거야…,
지나갈 거야….

지나갈 거야…,
지나갈 거야….

아이 몸에 닿지 않게
팔로 아이를 감싼다.
아이는 저항한다.
지나갈 거야…,
지나갈 거야….

난 아이 몸에 두른 팔을
천천히 좁힌다. 아이가
저항해도 멈추지 않는다.
서서히 아이 몸이 조금씩
부드러워지는 걸 느낀다.
지나갈 거야…,
지나갈 거야….

얼마나 시간이 흘렀을까.
마법처럼 아이의 소리가 잦아든다.
아이는 처음으로 자신의 몸을
꼭 껴안는 걸 받아들인다.
이것은 커다란 승리다.
좋아질 거야,
모든 게
좋아질 거야….
나는 너무 기뻐서
소리를 지르고 싶었다.
미치도록 행복했다.

우아아아아!
우아아아아!

베이컨과
커피…
챔피언이 먹는
아침식사야!
베이컨!

오늘 물고기
잡으러 갈까?
커다란
물고기.

빨리, 아빠,
더 빨리!!!
후! 후!

물고기 없어!
움직이면 안 돼.
말도 하면 안 돼.
헤헤.

정말 멋진 날이구나.
호수가 꼭 거울 같지 않니?

아빠….
응?
거울에
물고기 없어.

기다려 봐!

몇 주 뒤에 클로에와 나는 핼러윈 축제에 갔다.
올리비에도 난생 처음 축제에 참여했다.

나 사탕 많아!
그러네. 자, 다른 집에도 어서 가보자.

핼러윈 장식을 한 이 집 어때? 분명히 사탕을 많이 줄 거야.

딩동!

오, 잘생긴 꼬마
해적이로구나!
이히히히히~!

아아아잉

심술쟁이 마녀가
무서웠구나, 그치?
괜찮아, 아빠도
마녀는 무서웠어.

지나갈 거야.
지나갈 거야.

훨씬 좋아졌지?
응.

와, 당신 방법이
정말 잘 통하네.
어떻게 하는지
나도 가르쳐줘.

그럼 당신도 나한테
라자냐 요리를 가르쳐줘.

시간은 지나간다.
아이는 에텡셀에서 많이 성장했다.

아이의 성장을 위해 우리는 함께
노력했다. 방법은 달랐지만.

나는 계속해서 나의 길을 갔다.
두 가지 접근법의 조합이
좋은 결실을 맺으리라고
나는 믿었다.

자폐에 대해 아직 밝혀지지 않은 게 많다.
하지만 분명한 건 올리비에가 눈맞춤을
더 잘하게 되었다는 사실이다.

내가 고안한 다른 방법도 효과가 있었다.
마치 변화의 방아쇠를 당기는 것 같았다.
눈,
눈,
눈.

이얍!

올리비에,
이제 원반
그만 던지고
축구하자.

싫어, 원반던지기 해!
각자 돌아가면서
선택하기로 했잖아!
이번엔 내 차례야!

함께 놀 때는 상대방과 타협해야 한다.
세계적인 축구 스타 올리비에 선수가 공격 기회를 잡았습니다.

탁!
아, 아깝습니다. 세계적인 골키퍼라 쉽게 막아냅니다.

아들, 잘해봐! 재미없잖아.

앗, 올리비에 선수가 다시 한번 공격 기회를 잡았습니다. 아주 단호한 표정으로 돌진해옵니다.

나는 아들과 놀 때 봐주지 않는다. 그래야 아이와 제대로 즐길 수 있고,
아이도 상대를 이기기 위해 최선을 다한다.
아, 아아아!
뻥!

잡았다….

상대 선수는 가까운 거리에서 공을 차도 귀신같이 잡아내는 세계적인 골키퍼입니다. 과연 이번에는 성공할 수 있을까요?
조용히 해!

뻐엉!

앗, 골~인! 올리비에 선수, 대단합니다.

올리비에는 매일 밤 악몽을 꿀까 봐 두려워했다.
아무 일 없을 거야. 아빠가 곁에 있잖아. 내일 아침에는 네가 좋아하는 크레이프를 만들어줄게.

내일이 올 것이고, 아침이면 내가 곁에 있으리라는 걸 알려주면 아이는 안심했다.

자폐아는 변화를 두려워한다. 그래서 나는 밤마다 집안 가구의 위치를 바꾼다. 변화에 익숙해지도록.

이 방에서 저 방으로 가는 길이 완전히 달라질 정도로 가구를 이리저리 옮겨놓는다.

가구 배치가 조화롭지 못하지만 그래도 나는 계속한다.

쇼핑센터

이걸 쓰면 따뜻하겠다.
아빠도 같은 모자 있어.
우리 같이 쓰고 다니자.
SKI

자, 이제 집으로 돌아가자!
아니야! 난 여기에 있을 거야!

집에 가서 저녁 먹자.
숙제도 해야지.
아니! 숙제 없어!

으아아아아!

현명한 자폐아 부모라면
자폐로 인한 발작과
떼쓰기를 구분해야 한다.

올리비에는 놀라운 통찰력으로
아주 효과적인 위치를 선택했다.

초인적인 노력으로 나는
아무렇지도 않은 듯 행동했다.
으아아
아!

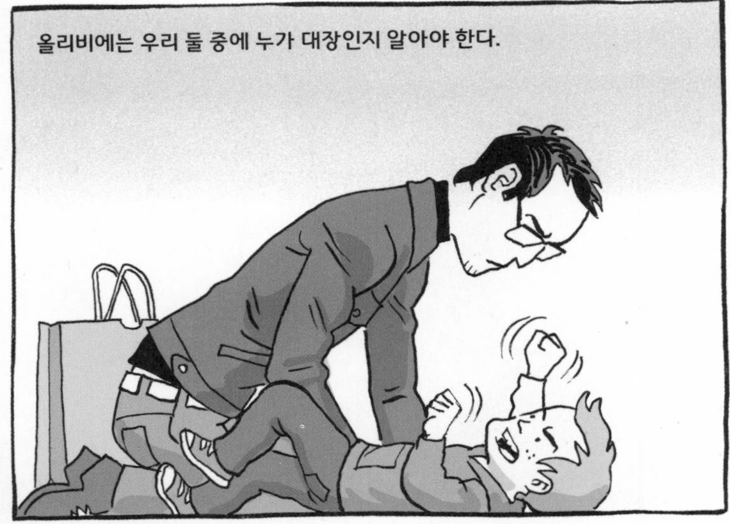
올리비에는 우리 둘 중에 누가 대장인지 알아야 한다.

나는 야수처럼 낮게 으르렁댄다.
지금부터 셋까지 셀 거야. 그때까지 멈추지 않으면 더 이상 봐주지 않을 거야. 알아들었어? 하나, 둘, 셋….

자, 이제 그만, 조용히 일어나. 밖으로 나가자.

안 되는 건 안 되는 거야.
응, 아빠….

자, 위로 올라가자!
난 안 가, 힘들어!
난 갈 거야. 너도 가자.

우아아!

아 하 하!

눈으로 벽돌을
단단히 만들어
이렇게 쌓아
올리는 거야.

벽돌 사이에 난 틈은 눈으로 막자.
온도 차가 있어서 단단해질 거야.
응.

일하다 말고 게으름을
피우면 어떡해, 아들?

이제 뭘 해요?

아들, 열심히 만들어!
은하계 송신기가 잘
작동하도록 말이야.

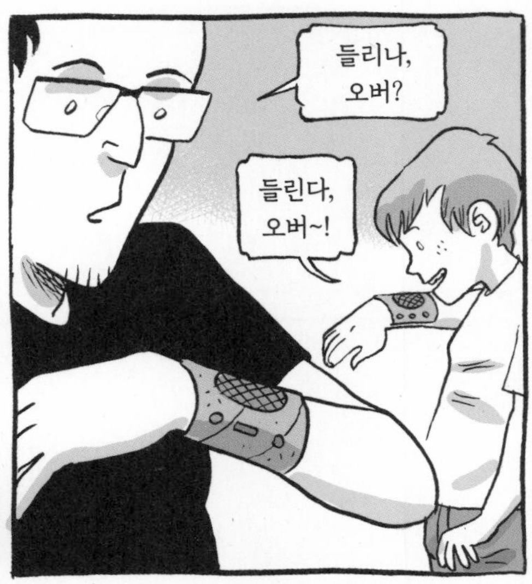
들리나,
오버?
들린다,
오버~!

대장, 그건 뭐예요?
탄산 총이야.
Cola

앗, 괴물이다!
다리 없는
파란 닭이
저기 있다.
Cola
Cola

다다다다다!
다다다다다!
다다다다다!
Cola
Cola

안테나를 단 괴물이다!!
수백 마리가 떼로 몰려와!
앗, 저기 봐!
뿔이 없는
유니콘이닷!

숫자가 너무 많아,
아들, 어서 도망치자!
저기 다리미
우주선이 있어.

나는 아이와 상상놀이를 한다.
추상적 사고도, 환상의 세계도
경험하지 못한 아들을 위해
말도 안 되는 놀이를 만든다.
다리미 우주선이
나는 거 맞아?

응. 근데 잘 날지 못하네.
잠깐, 우주선 변신!

나는 온갖 우스꽝스러운 은유로
아이에게 상상의 세계를 선물한다.
찻잔으로 변신했다.
아까보다 잘 날지?
토성 보러
가는 거야?

이제 태양을
보러 갈까?
좋아.

우주탐험을 끝내자.
아빠 할 일이 있어.
넌 이제 낮잠 자야지.

알았어,
아빠.

올리비에가 태어난 뒤로
쉴 수 있는 시간이 거의 없다.

으아아아!

이런, 또
악몽을 꿨군.

지나갈 거야,
지나갈 거야,
지나갈 거야…

지나갈 거야,
지나갈 거야,
…

훌륭해, 이제 스스로
괴물을 쫓아낼 줄
알게 되었군.

8세가 된 올리비에는
학교생활의 첫해를
장애 아이들이 모인
반에서 시작한다.
나는 아이가 이 반에
너무 오래 머물지
않기를 간절히 바란다.
올리비에,
입학 축하해!
대단한 한 해가
될 거야.
응, 엄마.

마법의 망토 위에서 공부하는 걸까?
뭐든 네가 원하는
대로 될 거야.

지금 가야 할 것 같아, 엄마.
나는 지각하기 싫어.

사랑한다.
나도 사랑해,
엄마.

잘 해낼 거야,
그렇지?
물론이지.

학교 수업을 마치고
집에 돌아와서
아빠, 나 영화 보고 싶어!
미안, 아침에 텔레비전이 고장 나버렸어.

말도 안 돼! 그럼 새로 사!

아니. 나는 텔레비전을 사지 않겠다고 결심했어, 알겠니? 텔레비전은 사람들 머리를 게으르게 만들 뿐이야.

나는 텔레비전이 좋단 말이야!
아빠한테 떼쓰지 않기로 한 약속 잊었어? 올리비에 기억하지?

대답해.
기억해.
아빠가 하키 스틱을 사놨어. 연습하러 가지 않을래?
정말, 하키 스틱이네!

나는 엄격한 규칙을 정해 스포츠 활동을 늘려갔다.
아이에게 나와 함께하는 스포츠는 선택이 아니다.
올리비에는 열심히 해야 한다.

우리 핫도그
먹으러 갈까?
으으응,
핫도그!

목요일에 하키를
열심히 했을 때만
핫도그 먹을 자격이
생기는 거야.

그럼, 우린 진정한
스포츠맨이니까!
네 말이 맞다,
부피 녀석아!

부피가 뭐야?
핫도그를 너무
많이 먹어서
얼굴이 커다란
사람. 하하하!

나는 아이에게 즐거운 전통을
만들어주고 싶다. 전통은 가족애를
만들어낸다.

뭘 드릴까요?
핫도그
핫도그요!

몇 개 줄까요?
많이요. 나는 진정한 스포츠 맨이니까요.

아빠, 우리 매주 목요일에 하키 하자.
비 오는 날만 빼고.
우리 비옷 있잖아.

그럼 이제부터 우리는 언제나 우리 전통을 존중하기로 하자.
전통이 뭐야?

그건 말이다, 우리가 자주, 똑같은 방식으로 함께하는 거야.
하키 하고 핫도그 먹고?

가끔은 아이스크림을 먹고, 가끔은 아무것도 먹지 않고. 그건 우리 하기에 달렸지.
나는 전통이 아주 많았으면 좋겠어.
바로 그거야.

안녕,
잘 있었어?
엄마!

여기 오면
있을 줄 알았지.
당신 아들,
하키의 달인이야!

우리 아들이
챔피언이네.

지금 학교에서 선생님
만나고 오는 길이야.
한 친구와 부딪치는
사소한 문제만 빼면
아주 잘 지내고 있대.
잘 됐네!

선생님이 올리비에 진단기록을 보고는
이렇게 잘 자라는 게 놀랍다고도 했어.
당신과 내가
잘 해낸 거지.
그래. 우리는
멋진 팀이야!

짝!

그런데 특수교사 말이
올리비에가 주의력결핍이래.
약을 먹으면 아이가 완전히
달라질 수 있다고….

클로에…

내 생각은 알잖아.
약은 절대 안 돼!

나는 아이가 먹는 모든 걸 꼼꼼히 관리해.
유기농으로 만든 최고로 좋은 음식만 먹여.
화학적으로 만든 약을 먹이는 건 아이를
위하는 게 아니야. 나는 찬성할 수 없어.

Cola

마르크…

학교에서 올리비에의
아이큐 검사를 했는데
아주 낮게 나왔대.
주의력결핍 때문이래.

그래도 난 싫어. 절대로!

한번 해 보고 결과를 보자.

나는 내 아들이 어려서부터
약물중독이 되는 건 원치 않아.

약물치료를 하면
아이가 내년에
일반 교실로 갈
수 있을 거야.
아이에게 기회를
주는 게 어때?

당신 신념과 우리 아들에게
이익이 되는 것을 당신은
구분할 줄 알아야 해.
약물치료가 아이에게 도움이
된다면 우리는 아이가 좋아지는
방향으로 선택할 의무가 있어.

진지하게 생각해
볼게. 약속해.

훌륭해.
그럼 우린 갈게.
나흘 뒤에 만나.
생각 많이 하고.
잘 지내.

사랑해,
아빠!

네가 나를 설득해 여기로 데리고 온 사실이 놀랍다.
넌 너무 집에만 박혀 있어. 이건 내가 한 달에 한 번 하는 너를 위한 선행이야.

하지만 골프는….
골프가 너를 다시 남자로 만들어줄 거야.

골프는 스포츠가 아니야. 마음의 운동에 가깝지.

딱!

모든 걸 통제하는 동시에 모든 걸 놓아야 하지.

자, 해 봐!

무릎을 구부리고,
엉덩이는 뒤로 빼.
팔을 쭉 뻗으면서
손을 맞잡아.

공에서 눈을 떼지 마.
팔을 휘두르는 게 아니라
몸을 돌려야 해. 무리해서
팔을 휘두르면 공이 엉뚱한
지점으로 날아가지.

몸의 긴장을
풀어야 해.

휘이이이익~
딱!

툭!
탁!
빽!

너무 긴장했어, 친구.
아무 말 말고,
그냥 담배나
한 대 줘.

며칠 전에 올리비에 눈 밑이 찢어졌어.
학교에서 어떤 여자아이가 그랬대.
뭐라고?

그런데 그 여자아이는 20분 동안
한쪽에 서 있는 벌을 받은 게 다야.
학교의 규칙은 엉성해. 내 아들은
자신을 보호할 권리가 없어.

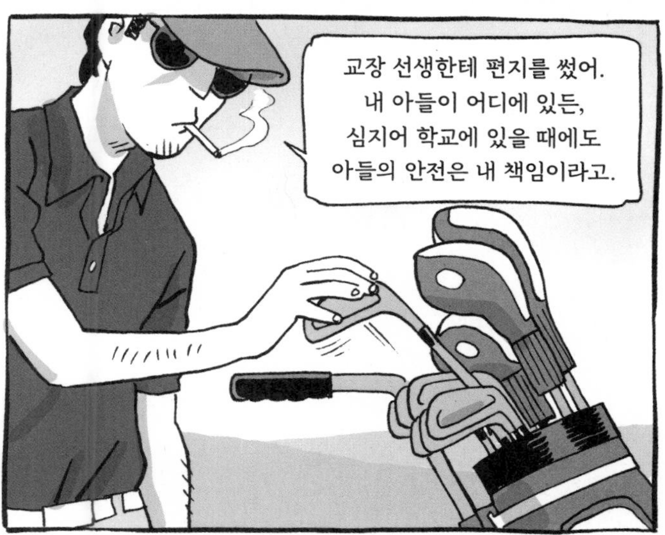
교장 선생한테 편지를 썼어.
내 아들이 어디에 있든,
심지어 학교에 있을 때에도
아들의 안전은 내 책임이라고.

내 권한이 그들
권한보다 위에
있다고 썼지.

휘이이이이이이

네 골프채가
좋은 거 맞아?
나도 의심하기
시작했어.

올리비에에게 권투를
가르치고 있다고
학교에 알렸어. 아무런
대책도 세우지 않으면
아마도 코피를 줄줄
흘리는 아이들 코를
계속해서 닦아야 할
거라고 했지.

교장 선생은 결국
제대로 된 벌을 줬어.
!

네 가족은 잘 지내?

모두 잘 있어. 특별한 건 없어.
그 발레리나는 어떻게 됐어?
발레리나를 기자로 바꿨어.
그렇다고 재밌는 건 아니야.

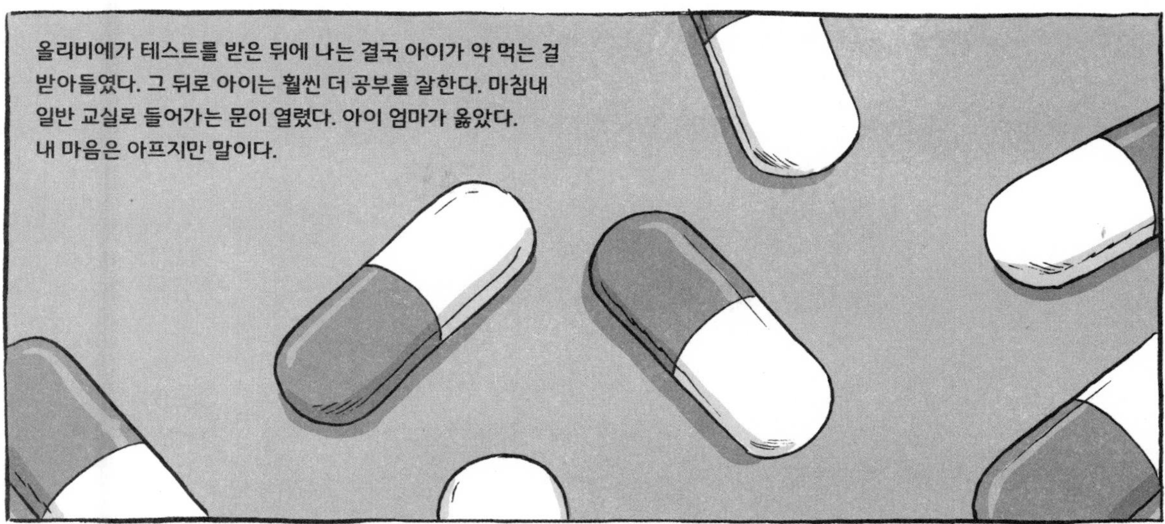
올리비에가 테스트를 받은 뒤에 나는 결국 아이가 약 먹는 걸 받아들였다. 그 뒤로 아이는 훨씬 더 공부를 잘한다. 마침내 일반 교실로 들어가는 문이 열렸다. 아이 엄마가 옳았다. 내 마음은 아프지만 말이다.

우리는 집에서 두 배로 열심히 공부한다. 그래서 아이 실력이 점점 향상되고 있다.

내가 지쳐 힘겨워하면 아이 엄마가 교대해준다. 그녀에게는 천사 같은 인내심이 있다.

나는 칠판을 샀다. 올리비에가 다른 아이들보다 좀 더 앞서갈 수 있도록 보충문제를 풀게 했다.

열심히 공부했으니 밖에 나가 뛰어놀자.

공원에서 다른 친구들하고 노는 아이를 보고 있으면 늘 행복해진다.

아이가 평범한 삶을 살 수 있으리라는
희망을 품게 하기 때문이다.

이건 공이야. 눈으로 만든 공. 엄청 크지!
누가 몰라?
이상한 아이야.

나는 다른 아이들이 올리비에의
별난 행동에 어쩔 줄 몰라 하는
모습을 자주 본다.

아저씨, 아저씨 아들은
지능이 낮은가요?
좀 이상해요….

이따금 나는 창피하게도 수치심을 느낀다.
아들과 떨어져 있고 싶은 마음이 들고,
사람들의 반응에 맞닥뜨리고 싶지 않다.

아니야, 올리비에는 자폐가 있단다. 그래서
다른 사람과 소통하는 걸 잘 못할 뿐이야.
하지만 그 아이도 너만큼 똑똑해.
아,
그래요.

너희랑 노는 것도
무척 좋아해.
우리도 그래요!
좀 별나기는
하지만요.

올리비에는 아무것도 알아채지 못한
눈치다. 이런 종류의 반응에서 보호
받고 있는 것 같다.

올리비에는 외로움을 두려워하지 않는다.
거부당해도 아무런 반응이 없다.
다른 사람들과 다르게 살아가기 위해
필요한 자질을 올리비에는 가지고 있다.

나는 내 아이 안에
있는 나를 보기
때문에 괴롭다.

다시 여름이 왔다. 아이는 한 학년을 무사히 마쳤다.
축하할 겸 나는 아이를 데리고 놀이공원에 왔다.
인형
오늘은 우리 둘이서 신나게 놀아보자!
구경하세요. 놀랄 만큼 가격이 싸요.

아빠, 여긴 인형이 많아!

아버님!
여기 공 한번 던져보세요. 아주 쉬워요.
아빠, 해 봐!

잘 봐….
후…
간다!

대단해, 아빠!
핑!

잘하셨어요. 새끼 곰 인형
하나를 받으시겠네요.

핑!

핑!

와, 백발백중!
다른 분들도 해 보세요. 깡통을 다 쓰러뜨리면 인형을 선물로 드려요.
내 인형 주세요!

히히히! 아빠는 깡통 맞히기 챔피언이야.
아, 그럼!

이제 네 차례야.
정말!

피에로의 입을 향해 물총을 쏘면 머리에 있는 풍선이 부풀어 올라 터질 거야.

치이익

치이익

치이익

이 총은 고장 났어!
고장 났어!

고장 났어!
고장 났어!
치이익

죄송합니다.
저희 애가 화가
났나 봅니다.
아저씨 총이 고장 나서
그런 거야.

올리비에, 뜻대로
안 된다고 그렇게
화를 내면 곤란해.
고장 난
총이야!

놀이기구
타고 싶어?
응!!!
우주 비행기

안녕, 아빠!

출발!
철컥!

아빠아아아!

으아아아아아아아아아아아아아아아아아아아

으아아아아아아아아아

저기, 혹시 놀이기구를 멈추고
아이를 내려주실 수 있을까요?
아이가 완전히 겁에 질린 것 같아요.
당장 아이를 내려드리겠습니다.

나는 이 날을 기대했었다. 아이가 놀이기구를
뱅글뱅글 타고 돌면서 웃는 모습을 보고 싶었다.
아마도 어릴 적 내 모습을 보고 싶었나 보다.
나는 아이에게 날 비춰 보는 걸 그만둬야 한다.

다음 날
새우 파스타를 먹자. 거기 가면 파스타가 여러 종류 있을 거야.
리무스키
50 km

새우를 먹자!

저기 봐. 바위 위에 바다표범들이 있어.
바다표범들도 우리처럼 휴가 중이야.

저건 가마우지야. 몸을 말리고 있어.

이렇게 쓰는 거야. 잘 기억해둬.
바다표범
가마우지

두 바위 위에 있는
갈매기들을 더하면
모두 몇 마리일까?

여덟 마리?

아니야. 모두 여섯 마리야.
잘 봐둬.
또 올 거야.

새 학년이 시작되었다. 올리비에는 9세가 되었고 2학년이 되었다.
이제 일반 교실에서 수업을 받는다. 아이 엄마와 나는
조금 걱정스럽다. 특히 내가 그렇다.

2학년

걱정하지 마. 모든 게 다 잘 될 거야.
으으음.

클로에는 모든 문제를 잘 헤쳐나간다.
웬만한 일에는 약해지지 않는다.
내가 방향을 잃고 헤맬 때 그녀는
나를 다시 일으켜 세우는 방법을
늘 알고 있다.

우리는 각자 상대의 방법을 존중하면서
늘 함께하며 서로에게 최고의 것을 준다.

일반 교실에서 공부를 하게 되자 더 큰 도전이 찾아왔다.
해야 할 숙제는 더 많아졌다. 숙제를 다 마친다는 건
전투나 다름없었다.

아이는 수준을 유지하기 위해 더 많이 공부해야 했다. 아이가 싫증을
내지 않도록 공원에서 공부하기 같은 즐거운 방법을 찾아야 했다.

이따금 난 인내심을 잃고 모든 걸 부숴버리고
싶어졌다. 아들을 가르치는 일은 어려웠다.

그래서 나는 아이와 내가 공격적으로 변하기 전에 공부를 중단하고
한숨 돌린다. 아이들에게는 저마다 자기만의 배움의 리듬이 있다.
아이를 도와야지 재촉해서는 안 된다.

시간은 흘러간다.
공부를 열심히 한 덕분에 올리비에는
1학년, 2학년을 잘 마쳤고 3학년 공부도
잘할 것으로 예상하고 있다.
콩나물처럼 쑥쑥 자라는구나!

'피에르는 숲으로 걸어 들어갔다' 마침표 찍고….

그림만 보면 안 돼! 말풍선에 있는 글을 다 읽어야 해. 나중에 제대로 다 읽었나 물어볼 거야.
환상의 팀
응, 아빠.

아빠, 공 패스해.
6X9?
54.
패스!

내가 주스를 절반 마시고, 네가 남은 주스 절반을 마셨다면 주스는 얼마 남았을까?
오, 아빠, 그만해!
알았어. 그럼, 주스 뭐 살까?

한 친구가 텔레비전과 비디오 게임을 주었다.
치명적이다. 모든 게 끝장났다!
아빠, 이런 법이
어디 있어!
나는 모든 권한이 있어.
넌 그걸 생각 못했지.
빵!

이럴수가
어어어어!
하하하!

아이는 자기가 학교에 있는 동안
내가 몰래 연습한다는 사실을 모른다.

그러지 않았다면 아이가 늘 이겼을 것이다.

빵! 이 녀석,
이거나 먹어라!

좋았어!
일등이야!
아빠가 또
이겼어….

아빠가 운이
좋았던 거야.
한 판 더 할까?

흡, 빵!
받아랏!
후! 후!
문제없어. 너한테
내가 질 수 없지.
호호!
이야!
랄랄라!
하!
얏!
이압!

이런, 이번에도
내가 이기겠는 걸….
아아안 돼. 말도 안 돼.
아빠 어떻게 한 거야?

또 졌어!
나 이제
게임 안 해!

아이는 자기 방으로 들어가 버렸다.
쾅!

나는 3개월 동안
더 이상 비디오 게임을
하지 않을 거야!
들어오지 마시오!!!

똑!
똑!
똑!
올리

올리비에, 나는 네가 자랑스러워. 글자를 하나도 틀리지 않고 썼어. 대단해!

그런데 문은 다시 칠해야겠는걸.
다시 한번 문을 쾅 닫으면 문을 확 떼어내 버리겠어.

일주일 뒤
아빠, 우리 비디오 게임 조금만 할까?
석 달 동안 게임은 하지 않겠다며.

앞으로 절대 그런 글을 쓰지 않을 거야….

기다려봐. 내가 너를 그려줄게.

화낼 때 너의 모습이야. 잘 봐. 분노 괴물이 네가 후회할 일을 하게 하면서 즐거워하는 거야.
분노 괴물
나는 마음에 안 들어!

이 그림은 너무 흉하게 생겼어!

자, 농구를 제대로 알고 있는지 확인하러 가자.
아빠를 이길 거야.

아빠, 우리는 농구 달인이지?
왕이지.

우와, 아빠 지금
NBA 농구해?
대단한데!

좋아, 잘 보고 있어.
내가 진짜 프로 선수의
실력을 보여줄게.

이얍!

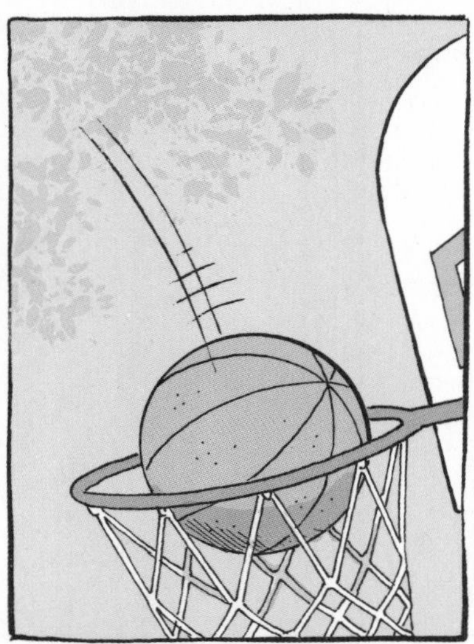

끝나고
핫도그
먹자.

목요일에만
먹는 거야.
공 패스해.
하지만 우리처럼
농구를 잘하면 먹을
자격이 있잖아?

좋아. 5미터 떨어진 지점에서 슛을 세 번 성공하면 식당에 가기로 하자.
세 개나? 말도 안 돼. 그건 힘들어.

텅!

팡!

텅!

제기랄!
우린 절대로 핫도그를 먹지 못할 거야.

아들, 진정해. 마음의 평온을 찾아야 해. 자, 다시 해 봐!

휙!
하나!

팡!
휙!
둘!

휙!
셋!

잘했어!
짝!
역시 난 최고야!
아빠, 식당에서 돈을
많이 써야겠는데.

어, 아들!
저기 누군지
좀 봐.
줄리 선생님이야.

안녕하세요,
선생님?

으음… 저는
잘 모르겠는데….
몇 년 전에
우리 아들
올리비에를
가르치셨잖아요.
기억 안 나세요?

뭐야, 그 꼬마
올리비에가
이렇게 컸단
말이야?
잘 지냈니?
선생님,
나는 선생님
생각 많이 했어요.
지금 일반 학교에
다니는데
최고예요!

아빠랑 핫도그
먹으러 가는데
함께 가실래요?

놀랍구나. 내가 아는 그 꼬마 올리비에가
맞는지 의심스러울 정도야. 게다가 말도
상냥하게 할 줄 아는구나.

다 우리 아이를 잘 돌봐준
선생님들 덕분이지요.
부모님이 애를 많이
쓰셨죠. 항상 아이
곁에 계셨잖아요.

그보다 더 중요한 일을 찾지
못해서 그런 겁니다.
아, 네!

저 식당 어때요?
같이 가실 거죠?

선생님, 우리 아빠
이혼했는데….
알고 계시죠?
끝

추천사

나는 깊이 감동받았다

2006년 나는 이봉을 처음 만났다. 일러스트레이터였던 그는 만화가 만들어지는 구조를 배우고 싶다며 내 작업실을 찾아왔다. 하지만 나의 충고와 지적과 비평에 진저리를 내며 1년 반만에 작업실을 떠났다.

그리고 8년이 지난 어느 날 불쑥 그가 돌아왔다. 점심을 함께 먹으며 이봉은 자기에게 자폐 아들이 있고, 주위에서 아들 키운 이야기를 책으로 내보라고 한다는 말을 내게 했다.

자폐는 나에게 낯선 세계였다. 나는 이봉에게 많은 질문을 던졌는데 그때 그가 한 대답을 들으며 나는 그의 이야기에 깊은 감동을 받았다.

이봉은 아이 엄마와 이혼했다. 이런 상황에서 아이를 단념하는 쪽은 대개 아빠들이다. 이 이야기가 특별해지는 것은 바로 이 지점에서다.

자신이 아이를 맡고 있는 시간 동안 이봉은 자폐를 다루는 여러 전문가와 기관의 충고를 늘 충실히 따르기보다는 오히려 자신이 생각하는 교육 방법을 실험해보겠다고 마음먹었다. 그래서 한 아버지의 고집과 인내로 놀라운 일이 벌어졌다.

아이의 엄마도 적극적으로 이 일을 지지해주었다. 두 사람 모두 장애가 있는 아이에 대한 사랑으로 그렇게 할 수 있었던 것이다.

이봉은 자신의 사회생활과 사생활을 포기하고 아들을 세상 속으로 들어오게 하려는 마음 하나로 열심히 공부하고 충실히 아이를 돌보았다. 물론 처음에는 회의와 절망에 빠져 몇 년을 보내기도 했다. 그러나 끈기와 놀라운 집중력, 그리고 무엇보다 아이에 대한 사랑이 있었기 때문에 멋진 승리를 거두었다.

나는 이봉의 이야기를 듣고 "왜 이 이야기를 만화로 그리지 않느냐?"며 다그쳤다. 그리고 많은 사람에게 감동을 안겨줄 이 아름다운 이야기를 책으로 내보는 게 어떻겠느냐고 제안했다. 그를 설득하는 건 쉽지 않았다. 하지만 이 책은 세상에 나왔다.

올리비에는 이제 청소년이 되었다. 나는 올리비에를 만나는 게 무척 즐겁다. 미소가 예쁜 올리비에는 나와 악수를 하고 내 눈을 바라보며 자신이 좋아하는 여러 만화에 대해 질문을 한다. 어떤 때는 내게 비디오 게임 이야기도 해주고 친구들 이야기도 들려준다. 이렇게 이야기를 나누는 동안 나는 올리비에가 자폐아라는 생각이 전혀 들지 않았다.

이봉과 클로에 두 사람에게 스스로를 자랑스럽게 여겨도 된다고 말해주고 싶다.

레지 르와젤

준비 스케치

"만화 작업은 현실적인 이야기를 자유분방한 방식으로 풀어내는 일이다. 그러므로 작업을 할 때는 어느 정도 거리를 유지할 필요가 있다. 거리를 유지하기 위해 이야기의 등장인물들이 현실과 동떨어져 있어야 하는 것이 내게는 아주 중요했다."

"나는 사실성과 도식화 사이에서 적절한 지점을 찾아야 했다.
너무 나이 들어 보이지도, 너무 순진해 보이지도 않아야 했다.
그리고 내게 따뜻한 감정을 불러일으키는 뭔가가 있어야 했다."

CHIPS
나는 내가
할 수 있는
일을 할 거야.

"나는 그림에 내면의 목소리가
들리는 듯한 느낌을 담고 싶었다.
단순하면서 느낌이 풍부한 그림.
만족스러운 초안을 얻기까지는
거의 한 달이 걸렸다."

자폐 아들과 아빠의 작은 승리
Les petites victoires

글·그림 | 이봉 루아 옮긴이 | 김현아
펴낸이 | 곽미순 편집 | 윤도경 디자인 | 김경수

펴낸곳 | ㈜도서출판 한울림 기획 | 이미혜 편집 | 윤도경 윤소라 이은파 박미화 김주연
디자인 | 김민서 이순영 마케팅 | 공태훈 윤재영 제작·관리 | 김영석
등록 | 2008년 2월 23일(제2008-00016호)
주소 | 서울특별시 마포구 희우정로16길 21
대표전화 | 02-2635-1400 팩스 | 02-2635-1415
홈페이지 | www.inbumo.com 블로그 | blog.naver.com/hanulimkids
페이스북 | www.facebook.com/hanulim 인스타그램 | www.instagram.com/hanulimkids

첫판 1쇄 펴낸날 | 2018년 8월 6일 3쇄 펴낸날 | 2021년 10월 13일
ISBN 978-89-93143-66-9 (13590)

이 도서의 국립중앙도서관 출판예정도서목록(CIP)은 서지정보유통지원시스템 홈페이지(http://seoji.nl.go.kr)와
국가자료공동목록시스템(http://www.nl.go.kr/kolisnet)에서 이용하실 수 있습니다.

• 한울림스페셜은 ㈜도서출판 한울림의 장애 관련 도서 브랜드입니다.